Guide Eurocode

D'après la norme NF EN 1998-1: 2005
(Eurocode 8, partie 1)

FRANCE
PLAN EUROPE

EFFETS DU SÉISME SUR LES BÂTIMENTS CONTREVENTÉS PAR DES MURS EN MAÇONNERIE CHAÎNÉE

Guide de dimensionnement

Directeur de collection : Ménad CHENAF (CSTB)
Auteurs : Ménad CHENAF (CSTB)
Philippe LEBLOND (CSTB)
Nicolas RUAUX (CSTB)

CSTB ÉDITIONS

Acteur public indépendant, au service de l'innovation dans le bâtiment, le Centre Scientifique et Technique du Bâtiment (CSTB) exerce quatre activités clés - recherche, expertise, évaluation, diffusion des connaissances - qui lui permettent de répondre aux objectifs du développement durable pour les produits de construction, les bâtiments et leur intégration dans les quartiers et les villes. Le CSTB contribue de manière essentielle à la qualité et à la sécurité de la construction durable grâce aux compétences de ses 850 collaborateurs, de ses filiales et de ses réseaux de partenaires nationaux, européens et internationaux.

Avertissement

Le présent guide ne se substitue en aucun cas aux textes de références qu'ils soient réglementaires, normatifs ou codificatifs.

Le CSTB décline toute responsabilité quant aux conséquences directes ou indirectes de toute nature qui pourraient résulter de toute interprétation erronée du contenu du présent guide.

ISBN 978-2-86891-475-0

CSTB ÉDITIONS

AVANT-PROPOS

Les autorités publiques ont confié au CSTB l'organisation et la gestion d'un programme d'accompagnement de la mise en œuvre de la directive « produits de construction » (Directive 89/106 du 21 décembre 1988). Ce programme d'accompagnement, appelé « Plan Europe » comporte plusieurs volets, tous concourant à l'intégration des textes techniques européens du domaine de la construction dans les usages français.

Le Plan Europe a été dirigé et organisé par le CSTB, en partenariat avec les acteurs du bâtiment, partenariat formalisé par une convention en date du 1er juin 2004. Les partenaires concernés sont :

- le ministère de l'Équipement, des Transports, de l'Aménagement du Territoire, du Tourisme et de la Mer ;
- le Secrétariat d'État au Logement ;
- la Fédération Française du Bâtiment (FFB) ;
- la Confédération de l'Artisanat et des Petites Entreprises du Bâtiment (CAPEB) ;
- l'Union Sociale pour l'Habitat (USH) ;
- la Fédération française des Promoteurs Constructeurs de France (FPC France) ;
- le Comité professionnel de la Prévention et du Contrôle technique dans la Construction (COPREC) ;
- l'Union Nationale des Syndicats Français d'Architectes (UNSFA) ;
- la Fédération des Professionnels de l'Ingénierie (SYNTEC-Ingénierie) ;
- la Chambre de l'Ingénierie et du Conseil de France (CICF) ;
- l'Association Française de Normalisation (AFNOR) ;
- le Centre Scientifique et Technique du Bâtiment (CSTB).

L'un des volets du Plan Europe est dédié spécifiquement aux Eurocodes. Il vise à procurer aux acteurs de la construction, pour les ouvrages courants, des outils pratiques consistant en des guides d'analyse commentés et des programmes de calcul leur permettant d'appliquer les principes et méthodes de dimensionnement proposés dans ces normes. Sont abordés à ce titre tous les matériaux habituels de structure : acier, béton, bois et maçonnerie vis-à-vis des actions normales, climatiques (vent, neige) ou accidentelles (feu, séisme).

Ce guide attire l'attention de l'utilisateur sur le domaine d'application couvert, forcément restreint par rapport à celui de l'Eurocode en question. Le choix délibéré a été de traiter les cas les plus couramment rencontrés, cette restriction s'accompagne d'une simplification de traitement.

Enfin, il est indispensable de souligner que les méthodes proposées dans ce guide sont destinées à réaliser des calculs de structure, et que leur utilisation suppose la connaissance des principes généraux de résistance des matériaux et de la mécanique des structures. Cette connaissance est indispensable pour effectuer les choix judicieux qui incombent au calculateur et apprécier la pertinence des résultats obtenus dans le contexte particulier de l'ouvrage qu'il dimensionne.

Table des matières

1. OBJET

Le présent guide présente les procédures et méthodes permettant la justification au séisme de bâtiments contreventés par des murs en maçonnerie, conformément à la norme **NF EN 1998-1** [1] (Calcul des structures pour leur résistance au séisme, partie 1 : Règles générales, actions sismiques et règles pour les bâtiments).

Ce guide développe des méthodes permettant la détermination de l'action sismique appliquée aux murs de contreventement en maçonnerie, ainsi que celles nécessaires au calcul des capacités résistantes selon les différents modes de ruine possibles de ces murs. Ces calculs permettent in fine d'effectuer la vérification de sécurité exigée par la norme **NF EN 1998-1**.

Tout au long de ce guide, sont successivement développés :

- les méthodes permettant d'évaluer l'action sismique sur les bâtiments visés ainsi que les moyens permettant d'effectuer la répartition des sollicitations sur les éléments de contreventements ;
- les procédures de dimensionnement des murs de contreventement en maçonnerie ;
- les dispositions constructives particulières ne résultant pas du calcul, préconisées par la norme **NF EN 1998-1**, pour les murs en maçonnerie ;
- le dimensionnement pas-à-pas d'une construction, avec le détail des étapes de calculs.

Deux annexes complètent le document en illustrant quelques principes d'analyse importants entrant dans la mise en œuvre des méthodes développées.

2. DOMAINE D'APPLICATION

Compte tenu des pratiques des constructeurs français pour les ouvrages en maçonnerie, les méthodes développées dans le présent guide sont applicable aux constructions à murs en maçonnerie chaînée.

Les maçonneries considérées peuvent être de toutes natures (béton, terre cuite, béton cellulaire autoclavé, pierre, etc.), à éléments pleins ou creux, hourdées au mortier courant ou à joints minces.

En vue de simplifier les développements, seules les approches permettant la prise en compte des non linéarités de manière forfaitaire (adoption de coefficients de comportement) ont été retenues.

De plus, la méthode retenue pour le calcul de l'action sismique (méthode des forces latérales) n'est valable que pour les constructions régulières en élévation. Néanmoins, les méthodes relatives au dimensionnement sont valables quelle que soit la forme de la construction.

6 EFFETS DU SÉISME SUR LES BÂTIMENTS CONTREVENTÉS PAR DES MURS EN MAÇONNERIE CHAÎNÉE

3. CALCUL DE L'ACTION SISMIQUE

3.1 Masse sujette à l'action sismique

La masse à prendre en compte dans les calculs permet la détermination des effets d'inertie de l'action sismique de calcul. Ces effets sont évalués en prenant en compte la présence des masses associées à toutes les charges gravitaires qui apparaissent dans la combinaison d'actions suivante :

$\Sigma G_{k,j} + \Sigma \psi_{E,i} \cdot Q_{k,i}$ (cf. art. 3.2.4 de la norme **NF EN 1998-1**) ;

où :

- $G_{k,j}$ est la valeur caractéristique de l'action permanente j ;
- $Q_{k,i}$ est la valeur caractéristique de l'action variable i ;
- $\psi_{E,i}$ est le coefficient de combinaison pour les actions variables i, ce coefficient prend en compte :
  - la probabilité que ces charges variables ne soient pas présentes sur la totalité de la structure pendant le séisme ;
  - la participation réduite des masses dans le mouvement de la structure, du fait de liaisonnement imparfaitement rigide entre elles ;

ce coefficient est obtenu par le produit $\varphi \cdot \psi_{2i}$ (cf. art. 4.2.4 de la norme **NF EN 1998-1**), où :

- ψ_{2i} représente le coefficient de combinaison, pour la valeur quasi-permanente de l'action variable $Q_{k,i}$;
- φ est un coefficient d'ajustement relatif à la concomitance des charges variables, et dépend de la catégorie du bâtiment ainsi que de la localisation de la charge dans le bâtiment. Les valeurs de ce coefficient sont données dans l'Annexe Nationale française de la norme **NF EN 1998-1**. Les valeurs recommandées sont données dans le tableau suivant (cf. art. 4.2.4 de la norme **NF EN 1998-1**) :

Type d'action variable	Étage	φ
Catégories A à C	Toit Étages à occupations corrélées Étages à occupations indépendantes	1,0 0,8 0,5
Catégories D à F, et archives		1,0

Tableau 3.1 : Coefficient d'ajustement φ, dû à la concomitance des charges variables sur les divers planchers d'un même bâtiment.

Les catégories A à F sont des catégories d'usage. Elles sont définies dans la norme **NF EN 1991-1-1** [2]. Les valeurs des charges d'exploitation à prendre en compte pour les différentes catégories, ainsi que pour les différents éléments d'un même bâtiment, sont données à l'article 6.2 de cette norme.

Les tableaux qui suivent sont extraits de ce texte et fournissent les définitions des différentes catégories.

Catégorie	Usage spécifique	Exemples
A	Habitation résidentiel	Pièces des bâtiments et maisons d'habitations Chambres et salles des hôpitaux Chambres d'hôtel et de foyers Cuisines et sanitaires
B	Bureaux	
C	Lieux de réunion (à l'exception des surfaces de catégorie A, B et D (1))	C1 : espaces équipés de tables, etc., par exemple : écoles, cafés, restaurants, salles de banquet, salles de lecture, salles de réception ; C2 : espaces équipés de sièges fixes, par exemple : églises, théâtres ou cinémas, salles de conférences, amphithéâtres, salles de réunion, salles d'attente ; C3 : espaces ne présentant pas d'obstacles à la circulation des personnes, par exemple : salles de musée, salles d'exposition, etc. et accès des bâtiments publics et administratifs, hôtels, hôpitaux, gares ; C4 : espaces permettant des activités physiques, par exemple : dancings, salles de gymnastique, scènes ; C5 : espaces susceptibles d'accueillir des foules importantes, par exemple : bâtiments destinés à des événements publics tels que salles de concerts, salles de sport y compris tribunes, terrasses et aires d'accès, quais de gare
D	Commerces	D1 : commerces de détail courants ; D2 : grands magasins
(1) On attire l'attention sur la clause 6.3.1.1(2) de la norme **NF EN 1991-1-1**, notamment pour C4 et C5. Se référer à la norme **NF EN 1990** [3] lorsque les effets dynamiques doivent être pris en considération.		
Note 1 : selon l'usage prévu, les surfaces devant être classées a priori C2, C3 ou C4 peuvent être classées C5 par décision du client et/ou d'une Annexe Nationale. **Note 2 :** l'Annexe Nationale peut définir des sous-catégories pour A, B, C1 à C5, D1 et D2. **Note 3 :** cf. l'article 6.3.2 de la norme **NF EN 1991-1-1** pour les aires de stockages et les locaux industriels.		

Tableau 3.2 : Catégorie d'usage des locaux de bâtiments d'habitations et de bureaux, ainsi que des lieux de réunions.

Catégorie	Usage spécifique	Exemples
E1	Surfaces susceptibles de recevoir une accumulation de marchandises, y compris aires d'accès	Aires de stockage, y compris stockages de livres et autres documents
E2	Usage industriel	

Tableau 3.3 : Catégorie d'usage des locaux industriels et de stockage.

Catégorie	Usage spécifique	Exemples
F	Aires de circulation et de stationnement pour véhicules légers (PTAC ≤ 30 kN et nombre de places assises ≤ 8, non compris le conducteur)	Garages ; Parcs de stationnement, parkings à plusieurs étages.
G	Aires de circulation et de stationnement pour véhicules de poids moyen (30 kN ≤ PTAC ≤ 160 kN, à deux essieux)	Voies d'accès, zones de livraison, zones accessibles aux véhicules de lutte incendie (PTAC ≤ 160 kN)
Note 1 : il convient de délimiter les accès aux aires de la catégorie F par des moyens physiques solidaires de la structure. **Note 2 :** il convient de signaler les aires des catégories F et G au moyen de panneaux appropriés.		

Tableau 3.4 : Catégorie d'usage des aires de circulation et de stationnement.

Le coefficient ψ_{2i} est donné par l'annexe A1 de la norme **NF EN 1990** (il est précisé dans cette annexe que les valeurs de ψ_{2i} peuvent être trouvées dans l'Annexe Nationale).

Le tableau ci-dessous fournit les valeurs recommandées par la norme **NF EN 1990** :

ACTION Charges d'exploitation des bâtiments, catégorie (cf. norme NF EN 1991-1-1)	ψ_2
Catégorie A : habitations, zones résidentielles	0,3
Catégorie B : bureaux	0,3
Catégorie C : lieux de réunion	0,6
Catégorie D : commerces	0,6
Catégorie E : stockage	0,8
Catégorie F : zone de trafic, véhicules de poids ≤ 30 kN	0,6
Catégorie G : zone de trafic, véhicules de poids compris entre 30 et 160 kN	0,3
Catégorie H : toits	0,0

Tableau 3.5 : Coefficient de combinaison pour les charges d'exploitation, en fonction de la catégorie des locaux.

3.2 Critères de choix de la méthode d'analyse

La méthode d'analyse à retenir pour un bâtiment donné dépend des conditions de régularité constatées. L'article 4.2.3.1 de la norme **NF EN 1998-1** fournit le tableau suivant permettant d'orienter le choix de la méthode :

Régularité		Simplifications admises		Coefficient de comportement
Plan	Élévation	Modèle	Analyse élastique linéaire	(pour l'analyse linéaire)
Oui	Oui	Plan	Force latérale	Valeur de référence
Oui	Non	Plan	Modale	Valeur minorée
Non	Oui	Spatial	Force latérale	Valeur de référence
Non	Non	Spatial	Modale	Valeur minorée

Tableau 3.6 : Choix de la méthode de calcul et du coefficient de comportement, en fonction de la régularité du bâtiment.

Les critères de régularité en plan et en élévation d'un bâtiment sont donnés dans l'article 4.2.3 de la norme **NF EN 1998-1**.

Dans le cadre du présent guide, les développements relatifs au calcul de l'action sismique se réfèreront à la méthode dite « des forces latérales », ce qui suppose la régularité en élévation de la construction. Toutefois, pour ce qui concerne la partie dimensionnement des murs, une fois connue la valeur de l'action sismique, les méthodes développées ici sont applicables quelle que soit la régularité du bâtiment.

3.3 Calcul de l'action sismique

3.3.1 Domaine d'application de la méthode des forces latérales

La méthode qui suit, appelée « méthode des forces latérales », est décrite dans l'article 4.3.3.2 de la norme **NF EN 1998-1**. Elle est applicable uniquement pour les bâtiments :

- qui respectent les critères de régularité en élévation donnés dans l'article 4.2.3.3 de la norme **NF EN 1998-1** ;
- dont la période du mode fondamental respecte la condition : $T_1 \leq$ Min ($4T_c$; 2,0 s) (cf. art. 4.3.3.2 de la norme **NF EN 1998-1**).

Cette seconde condition se trouvera vérifiée dans la quasi-totalité des cas de bâtiments contreventés par murs de maçonnerie, en raison du fait que ces bâtiments ne sont généralement pas très élevés, d'une part, et que les murs confèrent une rigidité assez élevée aux ouvrages, d'autre part. Il s'ensuit que cette méthode de calcul pourra, en pratique, être valablement appliquée dès que les conditions de régularité en élévation sont respectées.

T_c est la période, en secondes, marquant la fin du palier du spectre à prendre en compte, en fonction de la classe de sol et de la zone sismique. Les valeurs de T_c sont données dans l'arrêté du 22 octobre 2010 relatif à la classification et aux règles de construction parasismique applicables aux bâtiments de la classe dite « à risque normal ». Le tableau qui suit est extrait de cet arrêté :

Classes de sol	Pour les zones de sismicité 1 à 4	Pour la zone de sismicité 5
	T_c	T_c
A	0,2	0,4
B	0,25	0,5
C	0,4	0,6
D	0,6	0,8
E	0,45	0,5

Tableau 3.7 : Période T_c marquant la fin du palier du spectre, en fonction de la zone sismique et du coefficient de sol.

Pour ce qui concerne les classes de sol figurant dans ce tableau, elles sont définies à l'article 3.1.2 de la norme **NF EN 1998-1**. Le tableau suivant en fournit les définitions et certains paramètres d'identification :

Classe de sol	Description du profil stratigraphique	Paramètres		
		$v_{s,30}$ (m/s)	N_{SPT} (coups/30cm)	C_u (kPa)
A	Rocher ou autre formation géologique de ce type comportant une couche superficielle d'au plus cinq mètres de matériau moins résistant	> 800	-	-
B	Dépôts raides de sable, de gravier ou d'argile surconsolidée, d'au moins plusieurs dizaines de mètres d'épaisseur, caractérisés par une augmentation progressive des propriétés mécaniques avec la profondeur	360 - 800	> 50	> 250
C	Dépôts profonds de sable de densité moyenne, de gravier ou d'argile moyennement raide, ayant des épaisseurs de quelques douzaines à plusieurs centaines de mètres	180 - 360	15 - 50	70 - 250
D	Dépôts de sol sans cohésion de densité faible à moyenne (avec ou sans couches cohérentes molles) ou comprenant une majorité de sols cohérents mous à fermes	< 180	< 15	< 70
E	Profil de sol comprenant une couche superficielle d'alluvions avec des valeurs de v_s de classe C ou D et une épaisseur comprise entre cinq mètres environ et vingt mètres, reposant sur un matériau plus raide avec v_s > 800 m/s			

Tableau 3.8 : Classes de sol selon la norme NF EN 1998-1.

3.3.2 Calcul de la période du mode fondamental de vibration

Pour déterminer la période fondamentale de vibration T_1 dans chacune des deux directions principales du bâtiment, des expressions approchées basées sur les méthodes de dynamique des structures (par exemple, méthode de Rayleigh) peuvent être utilisées.

On peut néanmoins utiliser dans certains cas des formules approchées (cf. art. 4.3.3.2.2 de la norme **NF EN 1998-1**).

Pour des structures avec des murs de contreventement en béton ou en maçonnerie, la norme **NF EN 1998-1** propose la formule :

$$T_1 = C_t \cdot (H^{3/4}) \ ;$$

où :

H représente la hauteur totale du bâtiment, en mètres, comptée à partir des fondations ou du sommet d'un soubassement rigide et C_t

un coefficient valant $\dfrac{0.075}{\sqrt{A_c}}$ avec $A_C = \Sigma\left[A_i \cdot \left(0,2 + \dfrac{l_{wi}}{H}\right)^2\right]$;

où :

- A_c est l'aire effective totale des sections des murs de contreventement au premier niveau du bâtiment, en mètres ;
- A_i est l'aire effective de la section transversale du mur de contreventement *i* dans la direction considérée, au premier niveau du bâtiment, en mètres ;
- H est la hauteur totale du bâtiment, comptée à partir des fondations ou du sommet d'un soubassement rigide, en mètres ;
- l_{wi} est la longueur du mur de contreventement *i* au premier niveau dans la direction parallèle aux forces appliquées, en mètres, sous la condition que le rapport l_{wi}/H ne dépasse pas 0,9.

En variante de la méthode ci-dessus, la période du mode fondamental, dans le cas de murs de contreventement en maçonnerie, pour des bâtiments dont la hauteur n'excède pas quarante mètres, peut être calculée par la relation :

$$T_1 = 0,005 \cdot (H^{3/4}) \ ;$$

où :

H représente la hauteur en mètres du bâtiment, définie précédemment (T_1 est obtenue en secondes).

3.4 Application de la méthode des forces latérales à un système de murs

3.4.1 Effort tranchant à la base de la structure

L'effort tranchant total, dû à l'action sismique, appliqué à la base du bâtiment est à déterminer pour chacune des deux directions principales du bâtiment, au moyen de l'expression suivante :

$$F_b = S_d (T_1) \cdot m \cdot \lambda \text{ ;}$$

où :

- T_1 est la période du mode fondamental du bâtiment dans la direction considérée, calculée comme vu précédemment ;
- m est la masse sujette à l'action sismique, calculée conformément aux indications données au paragraphe 3.1 ci-dessus ;
- λ est un coefficient de correction valant 0,85 si $T_1 \leq 2\ T_c$ et si le bâtiment a plus de deux étages surélevés. Il vaut un dans les autres cas ;
- $S_d (T_1)$ est l'ordonnée du spectre de calcul pour la période T1 (cf. art. 3.2.2.5 de la norme **NF EN 1998-1**).

Dans l'évaluation de F_b, le spectre de calcul consiste en une réduction du spectre élastique, à l'aide d'un coefficient de comportement q lié au type de construction. Pour des bâtiments contreventés par des murs en maçonnerie chaînée, qui est le mode constructif en maçonnerie dominant en France, l'Annexe Nationale française de la norme **NF EN 1998-1** a retenu 2,5 pour la valeur de q. Cette annexe permet également de retenir une valeur majorée $q = 3$, sous réserve de l'existence d'un plan de qualité respectant les trois conditions suivantes :

- pour la conception, la rigidité élastique fissurée doit être justifiée par une analyse appropriée et donc non par la simple application de la clause 4.3.1 (7) de la norme **NF EN 1998-1**, et consistant à considérer pour les éléments de structure une rigidité moitié de celle prise en compte sous les charges non sismiques ;
- le bâtiment étudié a plus de un niveau (étage selon la terminologie du tableau 9.3 NF de l'Annexe Nationale de la norme **NF EN 1998-1**) ;
- pour l'exécution, le plan qualité doit notamment demander la vérification systématique de la bonne mise en œuvre des chaînages, de leurs croisements et de leurs recouvrements, compte tenu de l'existence d'un cahier de détails adapté à la construction et du fait de l'existence d'une formation interne à l'entreprise sur ces points particuliers.

3.4.2 Distribution des forces sismiques horizontales au niveau des planchers

Pour les bâtiments contreventés par des murs (en béton ou en maçonnerie), on peut considérer, compte tenu de leur raideur importante (comparée à celle des bâtiments contreventés par d'autres moyens) que le mode fondamental de vibration est tel que les déplacements horizontaux croissent de manière linéaire suivant la hauteur.

Sous cette condition, la force horizontale F_i à appliquer au centre de gravité du plancher de rang *i* s'écrit :

$$F_i = F_b \cdot \frac{z_i \cdot m_i}{\Sigma\left(z_j \cdot m_j\right)};$$

où :

- F_i est la force horizontale agissant au niveau *i* ;
- F_b est l'effort tranchant à la base, obtenu comme indiqué ci-dessus ;
- z_i et z_j sont les altitudes des masses m_i et m_j. Ces valeurs sont comptées au-dessus du niveau d'application de l'action sismique (fondations ou sommet d'un soubassement rigide).

La force F_i ainsi obtenue est appliquée au centre de gravité (barycentre des masses) du plancher de niveau *i*. Elle représente l'effet de la composante de translation du bâtiment. Il reste à rajouter à cette force les effets de la torsion autour d'un axe vertical.

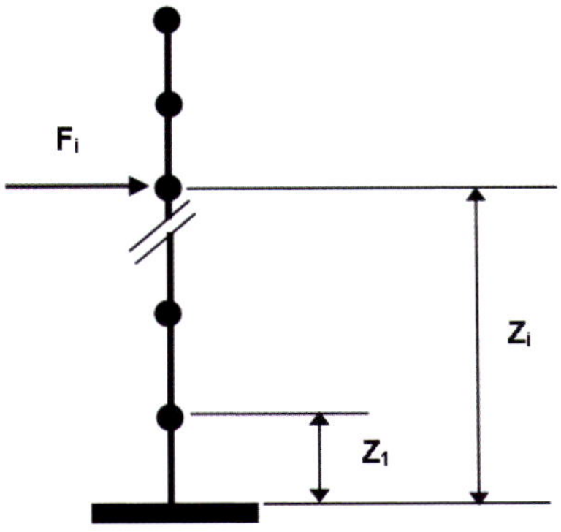

Figure 3.1 : Modèle pour la distribution en élévation de la force sismique.

3.5 Effets de la torsion autour d'un axe vertical (cf. art. 4.3.2 et 4.3.3 de la norme NF EN 1998-1)

La prise en compte des effets de la torsion est effectuée de la manière suivante :

– repositionnement du centre de gravité de chaque plancher, en tenant compte d'une excentricité accidentelle additionnelle e_{ai} :
  - $e_{ai} = \pm\ 0{,}05\ L_i$, si on effectue le calcul de torsion pour le plancher dans son ensemble ;
  - $e_{ai} = \pm\ 0{,}10\ L_i$, si on effectue le calcul de torsion en envisageant un modèle plan dans chacune des deux directions principales du bâtiment ;
  - dans ces expressions :
  - e_{ai} est l'excentricité accidentelle, par rapport à sa position nominale, de la masse du niveau *i*, appliquée dans la même direction à tous les niveaux ;
  - L_i est la dimension du plancher perpendiculaire à la direction de l'action sismique ;

– répartition de la force sismique du niveau, sur les éléments de contreventement, en tenant compte de l'excentrement de cette force par rapport au centre de rigidité du niveau (moment de torsion M_t appliqué au contreventement).

En alternative à cette procédure, la norme **NF EN 1998-1** permet, dans le cas d'une répartition symétrique de la raideur latérale et de la masse (qui fait que, dans ce cas, centre de masses et centre de raideurs sont confondus, et situés tous deux au barycentre géométrique du plancher, impliquant un moment de torsion nul) de ne pas repositionner le centre de gravité, mais d'amplifier les effets des actions sur les éléments de contreventement, après répartition, par un coefficient δ :

– $\delta = 1 + 0{,}6 \cdot \dfrac{x}{L_e}$, si on effectue le calcul de torsion pour le plancher dans son ensemble ;

– $\delta = 1 + 1{,}2 \cdot \dfrac{x}{L_e}$; si on effectue le calcul de torsion en envisageant un modèle plan dans chacune des deux directions principales du bâtiment ;

– dans ces expressions :
  - *x* est la distance en plan de l'élément considéré au centre de masse du bâtiment en plan, mesurée perpendiculairement à la direction de l'action sismique considérée ;
  - L_e est la distance entre les deux éléments de contreventement extrêmes, mesurée perpendiculairement à la direction de l'action sismique considérée.

3.6 Répartition de la force sismique de niveau, sur les éléments de contreventement

Le principe consiste à écrire l'équilibre en translation et en rotation du plancher considéré, soumis :

- à la force F_i qui lui revient ;
- à un moment de torsion en plan $M_t = F_i \cdot e$, e étant la distance entre la position du centre de masses G (après le décalage décrit au paragraphe 3.5 ci-dessus) et le centre des rigidités du niveau en translation. Ce centre de rigidité est défini comme étant le barycentre des rigidités des murs du niveau. Le mode de détermination de ce point est indiqué dans ce qui suit.

On a représenté dans la figure ci-dessous la vue en plan d'un étage de bâtiment. Les murs sont pochés.

On appelle k_{xi} les rigidités des murs parallèles à l'axe des X et k_{yi} les rigidités des murs parallèles à l'axe des Y (la convention adoptée ici, pour la notation des rigidités, est que l'indice se réfère à l'axe perpendiculaire à celui autour duquel le moment d'inertie du mur est calculé).

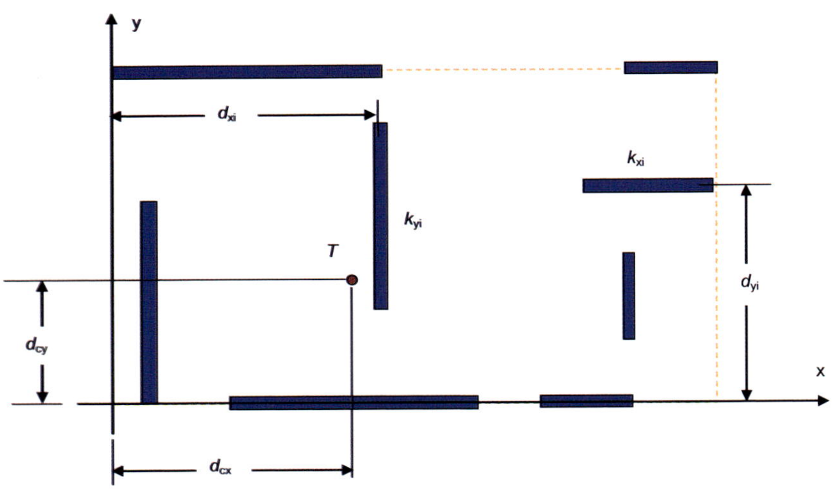

Figure 3.2 : Vue en plan pour la définition des paramètres de calcul.

On appelle d_{xi} les distances, à l'axe Y, des centres de gravité des murs parallèles à Y.

On appelle d_{yi} les distances, à l'axe X, des centres de gravité des murs parallèles à X.

En appelant d_{cx} la distance à l'axe OY du centre de rigidités T, et d_{cy} sa distance à l'axe OX, on a :

$$d_{cx} = \frac{\Sigma k_{yi} \cdot d_{xi}}{\Sigma k_{yi}} \quad \text{et } d_{cy} = \frac{\Sigma k_{xi} \cdot d_{yi}}{\Sigma k_{xi}} .$$

La rigidité en torsion du niveau considéré est donnée par :

$$k_t = \Sigma\left[\left(d_{yi} - d_{cy}\right)^2 \cdot k_{xi}\right] + \Sigma\left[\left(d_{xi} - d_{cx}\right)^2 \cdot k_{yi}\right] .$$

3.7 Utilisation d'un modèle spatial

L'utilisation d'un modèle spatial pour la répartition des forces de niveau est à envisager dés que les critères de régularité en plan donnés à l'article 4.2.3.2 de la norme **NF EN 1998-1** ne sont pas respectés. À noter que l'article 4.3.3.1 de cette norme autorise l'utilisation de deux modèles plans séparés, même pour des bâtiments irréguliers en plan, moyennant des conditions supplémentaires sur la disposition des façades et cloisons, la hauteur du bâtiment, et l'éloignement du centre de torsion par rapport au centre de masses des différents étages.

Une fois calculées les forces latérales F_i par niveau (appliquées au centre de masses des planchers), on en déduit le moment de torsion par niveau, après excentrement du centre de masses conformément à ce qui a été établi ci-dessus.

En pratique, on est conduit à :

- déterminer l'effort tranchant à la base de la construction pour chacune des deux directions principales du bâtiment ;
- répartir en élévation cet effort tranchant de manière à obtenir la force sismique à chaque niveau ;
- appliquer à chaque niveau, et dans chacune des deux directions, la force sismique correspondante, en un point décalé du centre de masses ;
- effectuer le cumul des sollicitations obtenues dans chacune des deux directions, selon l'article 4.3.3.5 de la norme **NF EN 1998-1** ;
- répartir les forces sismiques de niveau sur les éléments de contreventement du niveau, au prorata des rigidités, et en tenant compte de l'excentrement de ces forces par rapport au centre de rigidité du niveau.

À l'issue de ce calcul, on a obtenu les forces sismiques de calcul consistant en des charges ponctuelles appliquées à chaque niveau de plancher, sur chacun des murs de contreventement, et dans le plan de ces murs. Ces forces, combinées avec les autres actions agissantes sur les murs (charges permanentes, d'exploitation, etc.), sont ensuite utilisées pour le dimensionnement et la vérification des murs de contreventement.

3.8 Utilisation de deux modèles plans

La différence avec l'utilisation d'un modèle spatial est que les raideurs en torsion (comme en translation) sont calculées dans chacune des deux directions en ne tenant compte que des éléments de contreventement disposés dans la direction considérée. Dans ce cas, deux calculs séparés sont menés.

4. JUSTIFICATIONS DES MURS EN MAÇONNERIE CHAÎNÉE

4.1 Principe de justifications

Conformément à l'article 9.6 de la norme **NF EN 1998-1**, une vérification de non-effondrement doit être effectuée, consistant à s'assurer que la résistance de calcul de chaque élément est assurée. La norme **NF EN 1998-1** renvoie, pour le format de vérification, à la norme **NF EN 1996-1-1** [4]. Dans ce qui suit est proposée une méthode de vérification applicable aux murs de maçonnerie chaînée, issue des principes développés dans la norme **NF EN 1996-1-1**.

Le présent guide présente les principes donnés dans la norme **NF EN 1996-1-1** en renvoyant aux articles correspondants de ce texte. Il sera donc quelquefois nécessaire au lecteur de s'y référer pour certains aspects particuliers.

4.2 Justifications de la résistance des murs en maçonnerie chaînée

Pour justifier la résistance des murs de contreventement en maçonnerie chaînée, trois vérifications sont à effectuer :

- la justification de la traction dans les chaînages ;
- la justification du cisaillement dans la maçonnerie ;
- la justification de la compression dans la maçonnerie.

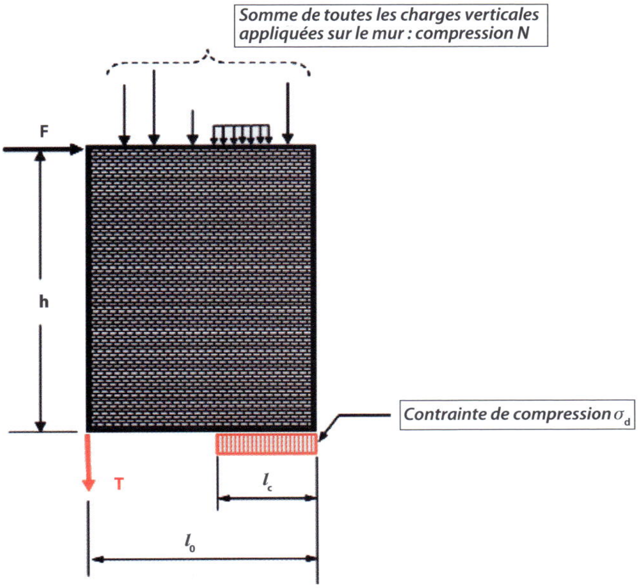

Figure 4.1 : Schéma de calcul des murs en maçonnerie chaînée.

4.3 Schéma d'analyse

Dans ce schéma (cf. figure 4.1) :

- F est la force latérale, due au séisme, appliquée sur le mur ;
- T est la traction induite dans le chaînage vertical du mur, sous l'effet de l'ensemble des actions ;
- N est la charge verticale totale agissant sur le mur ;
- h est la hauteur du mur ;
- l_0 est la longueur totale du mur ;
- l_c est la longueur de la partie comprimée du mur, sous l'effet de l'ensemble des actions ;
- σ_d est la contrainte moyenne de compression développée dans la partie comprimée du mur, sous l'effet de l'ensemble des actions.

Pour ce qui concerne l'équilibre des sollicitations, il faut retenir que :

- la compression est reprise par l'appui en pied de la maçonnerie ;
- la traction T est ancrée dans le chaînage inférieur ou dans la fondation ;
- le cisaillement est équilibré par le corps du mur (élément de maçonnerie et mortier, ainsi que les chaînages).

4.4 Justification de la traction dans les chaînages

Le schéma précédent conduit à effectuer, pour la section en pied de mur, une analyse de type béton armé à l'état limite ultime. Pour ce calcul, la norme **NF EN 1996-1-1** limite le raccourcissement ultime de la maçonnerie à 2‰ pour des éléments de maçonnerie creux (groupes 2, 3 et 4 selon la terminologie de la norme **NF EN 1996-1-1**) et 3,5‰ pour des éléments de maçonnerie pleins ou perforés (groupe 1 selon la terminologie de la norme **NF EN 1996-1-1**).

Cela revient à calculer une section rectangulaire de hauteur totale l_0 et de largeur t sollicitée en flexion composée sous l'effet du moment $F \cdot h$ et de l'effort de compression N.

Le calcul de la section est mené en considérant une résistance de calcul à la compression f_d de la maçonnerie. Cette résistance de calcul est obtenue par application des principes décrits plus loin.

Pour l'acier, on adopte f_e dans les calculs (limite élastique de l'acier constitutif des armatures).

Le calcul effectué permet d'avoir la section d'armatures A à disposer dans les chaînages, ce qui constitue la première justification. Conformément aux prescriptions de l'article 9.5.3 de la norme **NF EN 1998-1**, cette section d'armatures ne doit pas être inférieure à 1 % de la section de béton du chaînage, ni à 3 cm².

Ce calcul fournit également la valeur de la longueur comprimée l_c, ce qui permet de procéder aux deux autres justifications.

4.5 Justification du cisaillement dans la maçonnerie

Cette justification consiste à s'assurer que la résistance au cisaillement du mur suffit à équilibrer la charge latérale sismique. Cette résistance au cisaillement dépend de la contrainte de compression dans la zone comprimée. À cet effet, la norme **NF EN 1996-1-1** définit la contrainte de calcul pour le cisaillement par les expressions suivantes :

- $f_{vd} = Min\left(\frac{f_{vk0} + 0,4 \cdot \sigma_d}{\gamma_M}\,;\ 0,065\frac{f_b}{\gamma_M}\right)$ dans le cas de joints verticaux remplis ;
- $f_{vd} = Min\left(\frac{f_{vk0} + 0,4 \cdot \sigma_d}{\gamma_M}\,;\ 0,045\frac{f_b}{\gamma_M}\right)$ dans le cas de joints verticaux non remplis.

Pour les maçonneries en béton cellulaire autoclavé, la contrainte de calcul pour le cisaillement est dans tous les cas prise égale à :

$$f_{vd} = Min\left(\frac{f_{vk0} + 0,4 \cdot \sigma_d}{\gamma_M}\,;\ 0,045\frac{f_b}{\gamma_M}\right)$$

Dans les expressions précédentes :

- σ_d est la contrainte de compression moyenne développée en pied du mur au niveau considéré. Cette contrainte est la valeur de la contrainte de compression, due à la totalité des charges (verticales et horizontales) agissant sur la partie comprimée ;
- f_b est la résistance à la compression normalisée de l'élément de maçonnerie ;
- f_{vk0} est la résistance caractéristique « initiale » au cisaillement de la maçonnerie, en l'absence de contrainte de compression. Les valeurs de f_{vk0} sont proposées par le projet d'Annexe Nationale de la norme **NF EN 1996-1-1**. Le tableau donnant ces valeurs est reproduit ci-dessous :

Éléments de maçonnerie en	f_{vko} (MPa)			
	Mortier d'usage courant de la classe de résistance donnée		Mortier de joints minces [a] (joint d'assise ≥ 0,5 mm et ≤ 3 mm)	Mortier allégé [a]
Terre cuite	M10 - M20	0,30	0,30	0,15
	M5 - M9 [a]	0,20		
Silico-calcaire	M10 - M20	0,20	0,40	0,15
	M5 - M9 [a]	0,15		
Béton de granulats courants	M10 - M20	0,20		
Béton cellulaire autoclavé	M5 - M9 [a]	0,15		
Pierre reconstituée	M5 – M9 [a]	0,15	0,30	0,15
Pierre naturelle dimensionnée	M2,5 - M4 ou M5 - M9	0,15		
	M10- M20			

(a) : Les garde-fous ci-dessus sur les classes de mortier de montage permettent d'éviter un poinçonnement prématuré de celui-ci, notamment dans le cas des produits multi-alvéolés à parois minces largement utilisés en France. Des indications utiles à ce sujet sont données dans la norme **NF DTU 20.1** [5], P10-202 (pour les pierres dimensionnées, afin d'assurer la prise en compte de la cohérence avec la norme **NF DTU 20.1** : > M2,5 pour les pierres tendres, > M5 pour les pierres fermes, > M10 pour les pierres dures).

Tableau 4.1 : Résistance caractéristique initiale au cisaillement de la maçonnerie.

– γ_M est le coefficient de sécurité sur la résistance de la maçonnerie, en situation sismique de calcul. La clause 9.6(3) de la norme **NF EN 1998-1** fournit les valeurs à retenir pour ce coefficient (renvoi vers l'Annexe Nationale). Le tableau qui suit est extrait du projet d'Annexe Nationale de la norme **NF EN 1996-1-1** :

Matériau		γ_M		
		Niveaux de contrôle		
	Maçonnerie constituée de :	IL3	IL2	IL1
A	Éléments de Catégorie I, mortier performanciel	1,5	2,0	2,5
B	Éléments de Catégorie I, mortier de recette	1,7	2,2	2,7
C	Éléments de Catégorie II, tout mortier	2,3	2,8	3,3
D	Ancrage d'acier d'armature	1,7	2,2	2,7
E	Acier d'armature et de précontrainte	1,15		
F	Composants accessoires	1,7	2,2	2,7
G	Linteaux conformes à la norme **NF EN 845-2** [6]	1,5	2,0	2,5

Tableau 4.2 : Coefficient de sécurité pour la maçonnerie.

Ce tableau donne les valeurs de γ_M en situation non sismique. Pour la situation sismique, les coefficients du tableau doivent être multipliés par 2/3.

Pour un mur de maçonnerie chaînée de longueur totale l_0 et d'épaisseur t, la résistance totale R_c au cisaillement du mur sera la somme de la résistance du corps de la maçonnerie et celle des chaînages contenus dans le mur. Cette résistance est donnée par l'expression suivante :

$$R_c = (f_{vd} \cdot t \cdot l_0) + (\Sigma A_c) \cdot \frac{f_{cvk}}{\gamma_c}..$$

Dans cette expression :

- f_{vd} est la résistance de calcul au cisaillement de la maçonnerie ;
- t est l'épaisseur du mur ;
- l est la longueur totale du mur ;
- ΣA_c est la somme des sections de béton de tous les chaînages verticaux du mur ;
- γ_c est le coefficient de sécurité sur la résistance du béton de chaînage, en situation sismique, pris égal à 1,3 ;
- f_{cvk} est la résistance caractéristique au cisaillement du béton de chaînage, donné dans le tableau ci-dessous :

Classe du béton	C12/15	C16/20	C20/25	C25/30 et au delà
f_{cvk} (MPa)	0,27	0,33	0,39	0,45

Tableau 4.3 : Résistance caractéristique au cisaillement du béton.

La justification au cisaillement consiste à vérifier que $R_c \geq F$.

4.6 Justification de la compression dans le corps de la maçonnerie

4.6.1 Résistance caractéristique à la compression de la maçonnerie lorsqu'elle n'est pas montée à joints interrompus

La résistance caractéristique f_k à la compression de la maçonnerie peut se déterminer soit par des essais conformes à la norme **NF EN 1052-1** [7], soit par des formules de calcul données dans l'article 3.6 de la norme **NF EN 1996-1-1**. Notons simplement que, pour des maçonneries à joints courants, cette résistance est fonction de trois paramètres : K, α et β, qui tiennent compte de la catégorie des éléments, du type de joint de mortier, de la résistance de l'élément et de celle du mortier.

À défaut d'une évaluation précise de f_k basée sur des essais et compte tenu des blocs et du mortier couramment utilisés, on peut adopter par défaut dans les avant-projets une valeur de l'ordre de 3,5 MPa pour f_k.

4.6.2 Résistance de calcul à la compression de la maçonnerie

La résistance de calcul de la maçonnerie en situation sismique est déduite de la résistance caractéristique mentionnée ci-dessus, par affectation du coefficient de sécurité γ_M vu précédemment, multiplié par 2/3.

4.6.3 Justification à la compression de la maçonnerie

Cette justification doit tenir compte de la présence de charges verticales par le biais de l'élancement du mur et des excentrements éventuels des charges verticale et horizontale. Les articles 6.1 et 6.9 de la norme **NF EN 1996-1-1** proposent de retenir et de calculer un coefficient réducteur Φ pour la résistance de calcul à la compression f_d. En pied de mur comme à mi-hauteur, cette norme propose : Φ = 1-2 (e_a/t_{ef}), où e_a représente l'excentrement des charges verticales et t_{ef} l'épaisseur effective du mur.

A titre de simplification, dans le cas courant d'un mur à charges centrées dont l'élancement est inférieur à quinze, il est proposé de retenir les valeurs suivantes pour le coefficient Φ :

- en pied de mur : $\Phi = 1$;
- à mi-hauteur de mur : $\Phi = 0,9$.

La justification consiste à vérifier (avec les notations données ci-dessus) que : $\sigma_d \leq \phi \cdot f_d$.

Dans ce qui précède :

- $e_a = h_{ef}/450$ où h_{ef} représente la hauteur effective du mur, prise sauf justification particulière (cf. art. 5.5.1.2 de la norme **NF EN 1996-1-1**) égale à la hauteur de plancher à plancher ;
- t_{ef} est l'épaisseur effective du mur, égale à l'épaisseur réelle du mur (cf. art. 5.5.1.3 de la norme **NF EN 1996-1-1**).

5. DISPOSITIONS CONSTRUCTIVES PARTICULIÈRES AUX MAÇONNERIES CHAÎNÉES

Les dispositions constructives particulières qui suivent sont préconisées par l'article 9.5 de la norme **NF EN 1998-1**. Ces dispositions visent à permettre de s'affranchir d'un certain nombre de justifications complémentaires.

Le présent guide ne traite que de la maçonnerie chaînée, compte tenu de son utilisation répandue en France. Les dispositions à retenir sont listées ci-dessous :

– les bâtiments en maçonnerie chainée doivent être constitués de planchers et de murs liaisonnés dans les deux directions horizontales orthogonales et dans la direction verticale ;
– les liaisons entre les planchers et les murs doivent comporter des tirants en acier ou des chaînages périphériques adéquats en béton armé ;
– tout type de plancher peut être utilisé, à condition que les exigences générales relatives à la continuité et à la fonction de diaphragme soient respectées. Pour ce type de fonction, les planchers en béton sont indiqués ;
– des murs de contreventement doivent être prévus dans au moins deux directions orthogonales ;
– il convient que les murs de contreventement respectent certaines exigences géométriques, à savoir :
  - l'épaisseur effective des murs de contreventement t_{ef} ne peut pas être inférieure à une valeur minimale $t_{ef,min}$;
  - le rapport h_{ef}/t_{ef} entre la hauteur effective du mur et son épaisseur effective, ne peut pas dépasser une valeur maximale $(h_{ef}/t_{ef})_{max}$;
  - le rapport entre la longueur du mur l et la hauteur libre maximale h des ouvertures adjacentes au mur, ne peut pas être inférieure à une valeur minimale $(l/h)_{min}$.

$t_{ef,min}$ (mm)		$(h_{ef}/t_{ef})_{max}$	$(l/h)_{min}$
Groupe 1	Groupes 2, 3 et 4	20	0,4
150	200		

Tableau 5.1 : Exigences géométriques pour les murs de contreventement en maçonnerie chaînée.

– les murs de contreventement non conformes aux exigences géométriques minimales de l'alinéa ci-dessus peuvent être considérés comme des éléments sismiques secondaires ;

- il convient de prévoir des étriers de 5 mm de diamètre au minimum et espacés de 150 mm au maximum, autour des armatures longitudinales ;
- il convient que l'acier de béton armé appartienne aux classes B ou C conformément à la norme **NF EN 1992-1-1** [8] ;
- les recouvrements des armatures ne peuvent pas être inférieurs à 60 diamètres de barre en longueur ;
- les chaînages horizontaux et verticaux doivent être liés entre eux et ancrés aux éléments du système structural principal ;
- afin d'obtenir une adhérence effective entre les chaînages et la maçonnerie, le béton des chaînages doit être coulé après exécution de la maçonnerie ;
- les dimensions de la section transversale des chaînages horizontaux et verticaux ne doivent pas être inférieures à 150 mm. Dans les murs à double paroi, il convient que l'épaisseur des chaînages assure la liaison des deux parois et leur confinement effectif ;
- il convient de placer les chaînages verticaux :
  - aux bords libres de chaque élément de mur de la structure ;
  - de chaque côté des ouvertures pratiquées dans les murs, dont la surface est supérieure à 1,5 m^2 ;
  - si nécessaire à l'intérieur du mur pour que l'espacement entre les chaînages ne dépasse pas 5 m ;
  - à chaque intersection entre les murs de structure, lorsque les chaînages imposés par les règles ci-dessus sont distants de plus 1,5 m ;
- les chaînages horizontaux doivent être placés dans le plan du mur, au niveau de chaque plancher, et en aucun cas avec un espacement vertical supérieur à 4 m ;
- la section transversale des armatures longitudinales des chaînages ne doit pas être inférieure à 300 mm^2 ni représenter moins de 1 % de la section transversale du chaînage ;
- les murs de contreventement ne doivent pas comporter d'ouvertures. Il est cependant admis de considérer comme murs de contreventements ceux comportant de très petites ouvertures, d'au plus 0,04 m^2 avec un rapport des cotés compris entre 1 et 2, ces ouvertures étant distantes des bords et des autres ouvertures d'au moins 1 m. La présence de ces ouvertures ne conduit à aucun renfort particulier. Dans le cas d'un mur comportant des ouvertures dépassant les limites précédentes, il est loisible de considérer chaque trumeau comme un mur indépendant, à condition que chaque trumeau soit chaîné.

6. EXEMPLE PRATIQUE DE CALCUL

6.1 Présentation de l'exemple

Afin d'illustrer les méthodes développées précédemment, il est proposé ici le calcul d'un bâtiment contreventé par des murs en maçonnerie chaînée.

Il s'agit d'une maison individuelle comportant deux planchers en béton. La vue en plan de cette maison (rez-de-chaussée et étage identiques du point de vue structural) est donnée ci-dessous. Le contreventement est assuré par cinq murs (V1 à V5) dans la direction X, et trois murs (V6 à V8) dans la direction Y.

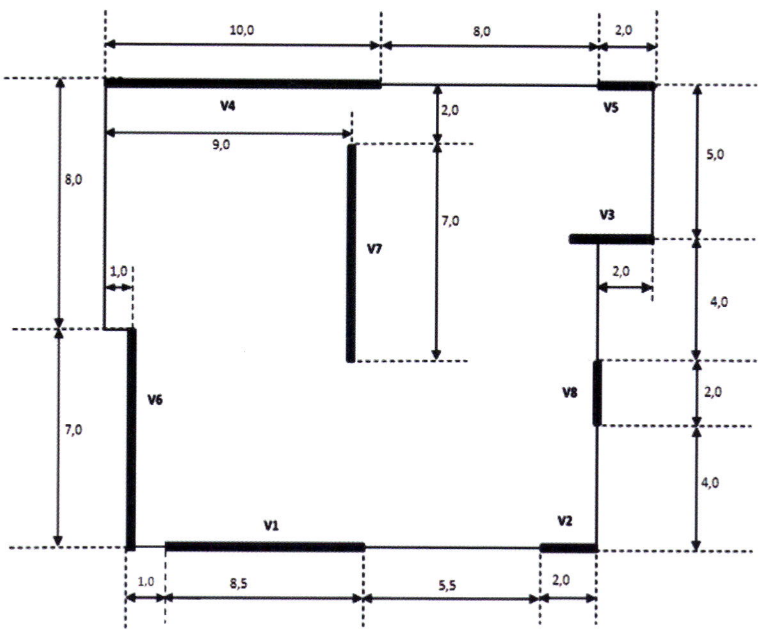

Figure 6.1 : Vue en plan du bâtiment. Représentation des murs de contreventement.

6.2 Données

- murs de maçonnerie en éléments de béton creux B40, à joints courants, à niveau de contrôle IL2 ;
- résistance à la compression normalisée de l'élément de maçonnerie : f_b = 5,43 MPa ;
- contrainte de cisaillement maximale à vide de la maçonnerie : f_{vk0} = 0,20 MPa ;
- épaisseur des murs : 20 cm ;

- acier de limite élastique f_e = 500 Mpa ;
- planchers du premier niveau et de la terrasse à dalle pleine d'épaisseur : 18 cm ;
- plancher-terrasse inaccessible (sauf pour entretien) ;
- hauteur d'étage (plancher à plancher) : 3 m ;
- sol de classe B (sables et graviers) ;
- zone 4 de sismicité : a_{gr} = 1,6 m/s² ;
- habitations : γ_I = 1, d'où a_g = 1 x 1,6 = 1,6 m/s².

6.3 Masses sujettes à l'action sismique

1er étage

- poids propre du plancher (dalle ép. 18 cm) : 0,18 x 2,5 = 0,450 t/m² ;
- chape + revêtement : 0,126 t/m² ;
- cloisons : 0,100 t/m² ;

=> total charge permanente répartie : g_1 = 0,676 t/m² ;

- poids propre des murs : 40,5 x 3 x 0,20 x 2 = 48,6 t ;
- charge d'exploitation (habitation) : q_1 = 0,150 t/m².

Terrasse

- poids propre du plancher (dalle ép. 18 cm) : 0,18 x 2,5 = 0,450 t/m² ;
- isolation + étanchéité + protection = 0,050 t/m² ;
- forme de pente : 0,088 t/m² ;

=> total charge permanente répartie : g_T = 0,588 t/m² ;

- poids propre des murs : 40,5 x 1,5 x 0,20 x 2 = 24,3 t ;
- charge d'exploitation (terrasse inaccessible) : q_T = 0,100 t/m².

Calcul de ψ_E

Bâtiment de catégorie A selon la norme **NF EN 1991-1-1** (habitation) :

- ψ_2 = 0,3 pour l'ensemble du bâtiment ;
- φ = 0,8 pour le premier étage et φ = 1 pour le niveau terrasse ;

d'où :

- ψ_E = 0,24 pour le premier étage ;
- ψ_E = 0,30 pour le niveau terrasse.

■ Surfaces de niveaux

$S_{terrasse} = S_{premier\ étage}$ = 20,00 x 15,00 – (1,00 x 7,00 + 10,00 x 2,00) = 273 m² ;

d'où les masses sujettes à l'action sismique :

- premier étage : (0,676 + 0,24 x 0,150) x 273 + 48,6 = 243 t ;
- terrasse : (0,588 + 0,30 x 0,100) x 273 + 24,3 = 193 t.

6.4 Période de vibration

T1 = 0,05 (63/4) = 0,192 s.

$$\left.\begin{array}{l}\text{Zone sismique 3}\\ \text{Classe de sol B}\end{array}\right\} S = 1{,}35\,;\ T_B = 0{,}05\,\text{s}\,;\ T_c = 0{,}25\,\text{s}.$$

On a bien : $T_1 <$ Min ($4T_c$; 2 s), et le bâtiment est régulier en élévation (les deux niveaux de planchers sont identiques) ;

=> la méthode des forces latérales est applicable.

6.5 Effort tranchant à la base de la structure

Cet effort se calcule par la relation : $F_b = S_d(T_1) \cdot m \cdot \lambda$.

Comme : $T_B < T_1 < T_C$;
il vient : $S_d\,(T_1) = a_g \cdot S \cdot (2{,}5/q)$;
avec : q = 2,5 (maçonnerie chaînée sans plan d'assurance qualité formalisé).

Compte tenu de l'accélération : a_g de 1,6 m/s² (cette accélération est fixée par les autorités dans la carte de zonage) ; on obtient : $S_d\,(T_1)$ = 2,16 m/s².

De plus : λ = 1, car le bâtiment n'a pas plus de deux étages surélevés ;
on obtient l'effort tranchant à la base du bâtiment :

F_b = 2,16 x (243 + 193) x 1 = 942 kN.

Cette valeur est valable pour le séisme agissant dans la direction X et dans la direction Y.

6.6 Distribution des forces sismiques, en élévation

À chaque niveau *i*, on a : $F_i = F_b \cdot \dfrac{z_i \cdot m_i}{\Sigma\left(z_j \cdot m_j\right)}$.

Niveau	z_i (m)	m_i (t)	$z_i.m_i$ (m.t)	F_i (kN)
Terrasse	6	193	1158	578
Premier étage	3	243	729	364

Tableau 6.1 : Forces sismiques de niveau.

6.7 Calcul des centres de rigidités pour chaque niveau

Les deux niveaux sont identiques sur le plan structural. Les coordonnées du centre de rigidités des murs sont calculées en tenant compte de la déformation de cisaillement, du fait de la hauteur du bâtiment en regard des longueurs de murs. La prise en compte des déformations de cisaillement est faite en calculant pour chaque mur une inertie équivalente restituant les déformations totales (flexion + cisaillement). Cette inertie, notée I_v, vaut :

$$I_v = \frac{I}{1+\dfrac{36I(1+v)}{5LtH^2}}.$$

Dans cette expression :

- I est le moment d'inertie de flexion ;
- v est le coefficient de Poisson ;
- L est la longueur du mur ;
- t est l'épaisseur du mur ;
- H est la hauteur d'étage.

L'annexe 1 de ce document présente les calculs permettant d'établir la relation donnant I_v ci-dessus.

Le calcul à proprement parler des coordonnées du centre de rigidité par niveau est présenté dans le tableau ci-dessous :

Direction X						
Murs (ép. : 0,20 m)	Longueur (m)	I_{yi} (m^4)	I_{vyi} (m^4)	d_{yi} (m)	$I_{vyi}.d_{yi}$ (m^5)	d_{cy} (m)
V1	8,50	10,24	4,64	0,00	0,00	8,63
V2	2,00	0,13	0,13	0,00	0,00	
V3	3,00	0,45	0,39	10,00	3,91	
V4	10,00	16,67	6,25	15,00	93,75	
V5	2,00	0,13	0,13	15,00	1,88	
Somme		27,62	11,53		99,54	

Direction Y						
Murs (ép. : 0,20 m)	Longueur (m)	I_{xi} (m^4)	I_{vxi} (m^4)	d_{xi} (m)	$I_{vxi} \cdot d_{xi}$ (m^5)	d_{cx} (m)
V6	7,00	5,72	3,15	1,00	3,15	5,25
V7	7,00	5,72	3,15	9,00	28,32	
V8	2,00	0,13	0,13	18,00	2,25	
Somme		11,57	6,42		33,72	

Tableau 6.2 : Détermination du centre de rigidité.

6.8 Répartition de la force horizontale sismique sur les murs

Cette répartition est faite en considérant l'action de la torsion sur un modèle spatial du fait que les critères de régularité en plan ne sont pas respectés (excentrement du centre de torsion par rapport au centre de masses).

Pour les calculs qui suivent, il sera retenu la combinaison des effets des composantes de l'action sismique selon les deux directions conformément à la clause 4.3.3.5.1(3) de la norme **NF EN 1998-1**. On considérera la composante *x* avec le coefficient 1 et la composante *y* avec le coefficient 0,3 :

- les coordonnées du centre de masses, par rapport aux axes globaux de référence, sont les suivantes :
  - $x_G = 9,58$ m ;
  - $y_G = 7,79$ m ;
- les coordonnées du centre de torsion, par rapport aux mêmes axes globaux, ont été calculées précédemment :
  - $x_T = 8,63$ m ;
  - $y_T = 5,25$ m ;
- les excentricités naturelles sont donc :
  - $e_{0x} = 9,58 - 8,63 = 0,95$ m ;
  - $e_{0y} = 7,79 - 5,25 = 2,54$ m ;
- les excentricités accidentelles additionnelles sont données par :
  - $e_{aix} = 0,05 \cdot Lx = 0,05 \times 20 = 1$ m ;
  - $e_{aiy} = 0,05 \cdot Ly = 0,05 \times 15 = 0,75$ m.

Les tableaux qui suivent donnent les forces sismiques calculées dans chaque mur. Dans ces tableaux, les notations sont celles qui sont utilisées ci-dessus.

Murs sous plancher terrasse

Direction X										
Murs (ép. : 0,20 m)	Longueur (m)	I_{yi} (m⁴)	k_{vyi} (m⁴)	d_{yi} (m)	$d_{yi} - d_{yT}$ (m)	$(d_{yi} - d_{yT})^2$ (m²)	k_{rzy} (m⁶)	F_{xi} - translation (kN)	F_{xi} - torsion (kN)	F_{xi} totale (kN)
V1	8,50	10,24	4,64	0,00	-8,63	74,46	345,79	232,69	-55,86	176,83
V2	2,00	0,13	0,13	0,00	-8,63	74,46	9,31	6,26	-1,50	4,76
V3	3,00	0,45	0,39	10,00	1,37	1,88	0,74	19,61	0,75	20,36
V4	10,00	16,67	6,25	15,00	6,37	40,59	253,67	313,18	55,51	368,68
V5	2,00	0,13	0,13	15,00	6,37	40,59	5,07	6,26	1,11	7,37
Direction Y										
Murs (ép. : 0,20 m)	Longueur (m)	I_{xi} (m⁴)	k_{vxi} (m⁴)	d_{xi} (m)	$d_{xi} - d_{xT}$ (m)	$(d_{xi} - d_{xT})^2$ (m²)	k_{rzx} (m⁶)	F_{yi} - translation (kN)	F_{yi} - torsion (kN)	F_{yi} totale (kN)
V6	7,00	5,72	3,15	1,00	-4,25	18,09	56,92	85,01	-18,66	66,35
V7	7,00	5,72	3,15	9,00	3,75	14,04	44,18	85,01	16,44	101,45
V8	2,00	0,13	0,13	18,00	12,75	162,48	20,31	3,38	2,22	5,60

Tableau 6.3 : Répartition, sur les murs, des forces sismiques du niveau de la terrasse.

Murs sous plancher du premier étage

Direction X										
Murs (ép. : 0,20 m)	Longueur (m)	I_{yi} (m⁴)	k_{vyi} (m⁴)	d_{yi} (m)	$d_{yi} - d_{yT}$ (m)	$(d_{yi} - d_{yT})^2$ (m²)	k_{rzy} (m⁶)	F_{xi} - translation (kN)	F_{xi} - torsion (kN)	F_{xi} totale (kN)
V1	8,50	10,24	4,64	0,00	-8,63	74,46	345,79	146,54	-35,39	111,15
V2	2,00	0,13	0,13	0,00	-8,63	74,46	9,31	3,94	-0,95	2,99
V3	3,00	0,45	0,39	10,00	1,37	1,88	0,74	12,35	0,47	12,82
V4	10,00	16,67	6,25	15,00	6,37	40,59	253,67	197,23	35,16	232,39
V5	2,00	0,13	0,13	15,00	6,37	40,59	5,07	3,94	0,70	4,65
Direction Y										
Murs (ép. : 0,20 m)	Longueur (m)	I_{xi} (m⁴)	k_{vxi} (m⁴)	d_{xi} (m)	$d_{xi} - d_{xT}$ (m)	$(d_{xi} - d_{xT})^2$ (m²)	k_{rzx} (m⁶)	F_{yi} - translation (kN)	F_{yi} - torsion (kN)	F_{yi} totale (kN)
V6	7,00	5,72	3,15	1,00	-4,25	18,09	56,92	53,54	-11,82	41,72
V7	7,00	5,72	3,15	9,00	3,75	14,04	44,18	53,54	10,41	63,95
V8	2,00	0,13	0,13	18,00	12,75	162,48	20,31	2,13	1,41	3,53

Tableau 6.4 : Répartition, sur les murs, des forces sismiques du premier étage.

6.9 Charges verticales supportées par les murs

Les calculs qui suivent découlent d'une descente de charges classique. On effectue une évaluation des surfaces de planchers reprises par chacun des murs, ainsi que des poids propres des murs eux-mêmes. L'organisation des éléments structuraux du bâtiment est telle que les charges verticales ne conduisent pas à des sollicitations autres que des compressions dans les murs.

Selon l'article 6.4.3.4 de la norme **NF EN 1990**, la combinaison d'action à considérer en situation sismique est :

$$G_{k,i} + \psi_{2,i}\, Q_{k,i} + A_{Ed}.$$

Il a été vu plus haut que, pour notre bâtiment, $\psi_2 = 0,3$. En conséquence, les charges réparties de plancher à considérer pour le calcul des charges verticales sont les suivantes :

- terrasse : 5,88 + 0,3 x 1,00 = 6,18 kN/m² ;
- premier étage : 6,76 + 0,3 x 1,50 = 7,21 kN/m².

Le tableau suivant présente la manière dont les calculs sont organisés et fournissent les résultats de ces calculs :

Murs du premier étage						
Murs (ép. : 0,20 m)	Longueur (m)	Surface revenant au mur (m²)	Charge verticale due au plancher (kN)	Poids propre du mur (kN)	Charge verticale du niveau sur le mur (kN)	Charge verticale totale sur le mur (kN)
V1	8,50	39,00	241,02	102,00	343,02	343,02
V2	2,00	18,00	111,24	24,00	135,24	135,24
V3	3,00	21,00	129,78	36,00	165,78	165,78
V4	10,00	35,00	216,30	120,00	336,30	336,30
V5	2,00	15,00	92,70	24,00	116,70	116,70
V6	7,00	38,00	273,98	84,00	357,98	357,98
V7	7,00	85,00	612,85	84,00	696,85	696,85
V8	2,00	30,00	216,30	24,00	240,30	240,30
Murs du rez-de-chaussée						
V1	8,50	39,00	281,19	102,00	383,19	726,21
V2	2,00	18,00	129,78	24,00	153,78	289,02
V3	3,00	21,00	151,41	36,00	187,41	353,19
V4	10,00	35,00	252,35	120,00	372,35	708,65
V5	2,00	15,00	108,15	24,00	132,15	248,85
V6	7,00	38,00	273,98	84,00	357,98	715,96
V7	7,00	85,00	612,85	84,00	696,85	1393,70
V8	2,00	30,00	216,30	24,00	240,30	480,60

Tableau 6.5 : Descente de charges sur les murs (actions gravitaires).

6.10 Calcul des armatures de chaînages et vérification de la compression dans la maçonnerie

La détermination de la section d'armatures dans les chaînages ainsi que celle des longueurs comprimées des murs résultent d'un calcul de type béton armé. Ce calcul est effectué en considérant la résistance de calcul à la compression f_d de la maçonnerie égale à 2,74 MPa. Cette valeur correspond à une maçonnerie en éléments de béton creux B40, à joints courants, à niveau de contrôle IL2.

Le tableau qui suit indique l'organisation des calculs ainsi que les résultats obtenus :

Murs du premier étage								
Murs (ép. : 0,20 m)	Longueur (m)	Charge verticale totale sur le mur (kN)	Charge horizontale de niveau (kN)	Charge hori-zontale cumulée (kN)	Moment en pied de mur (kN.m)	Section d'acier calculée (cm²)	Armatures retenues (f_e = 500MPa)	Contrainte σ_d sur partie comprimée (MPa)
V1	8,50	343,02	176,83	176,83	530,48	0	4HA10	0,32
V2	2,00	135,24	4,76	4,76	14,28	0	4HA10	0,38
V3	3,00	165,78	20,36	20,36	61,07	0	4HA10	0,37
V4	10,00	336,30	368,68	368,68	1106,05	0	4HA10	0,49
V5	2,00	116,70	7,37	7,37	22,12	0	4HA10	0,36
V6	7,00	357,98	66,35	66,35	199,06	0	4HA10	0,30
V7	7,00	696,85	101,45	101,45	304,34	0	4HA10	0,57
V8	2,00	240,30	5,60	5,60	16,79	0	4HA10	0,65
Murs du rez-de-chaussée								
V1	8,50	726,21	111,15	287,98	1394,42	0	4HA10	0,78
V2	2,00	289,02	2,99	7,75	37,54	0	4HA10	0,83
V3	3,00	353,19	12,82	33,18	160,60	0	4HA10	0,84
V4	10,00	708,65	232,39	601,07	2909,26	0	4HA10	1,98
V5	2,00	248,85	4,65	12,02	58,19	0	4HA10	0,81
V6	7,00	715,96	41,72	108,07	523,28	0	4HA10	0,65
V7	7,00	1393,70	63,95	165,40	800,53	0	4HA10	1,19
V8	2,00	480,60	3,53	9,13	44,19	0	4HA10	1,32

Tableau 6.6 : Calcul des armatures de chaînages et de la contrainte de compression dans la maçonnerie.

On constate que, pour tous les murs, la condition $\sigma_d \leq f_d$ est vérifiée ; où :

- σ_d représente la contrainte de compression calculée dans les deux tableaux précédents (dernière colonne) ;
- f_d représente la résistance de calcul à la compression de la maçonnerie, égale ici à 2,74 MPa.

6.11 Vérification du cisaillement dans les murs

Cette vérification est à mener conformément aux indications du paragraphe 4.5 du présent document. Les calculs sont menés en prenant en compte un chaînage à chaque extrémité du mur, soit deux chaînages verticaux par mur. Ces chaînages sont constitués d'un béton C25/30.

Les tableaux suivants indiquent l'organisation des calculs et les résultats obtenus :

Coupe sous plancher terrasse					
Murs (ép. : 0,20 m)	Longueur (m)	Charge horizontale en tête de mur (kN)	Contrainte sur partie comprimée (MPa)	f_{vd} (MPa)	R_c (kN)
V1	8,50	176,83	0,32	0,22	403,81
V2	2,00	4,76	0,38	0,24	120,27
V3	3,00	20,36	0,37	0,24	166,53
V4	10,00	368,68	0,49	0,24	504,69
V5	2,00	7,37	0,36	0,23	118,10
V6	7,00	66,35	0,30	0,22	329,25
V7	7,00	101,45	0,57	0,24	360,63
V8	2,00	5,60	0,65	0,24	120,53
Coupe sous plancher du premier étage					
V1	8,50	287,98	0,78	0,24	432,66
V2	2,00	7,75	0,83	0,24	120,53
V3	3,00	33,18	0,84	0,24	168,55
V4	10,00	601,07	1,98	0,24	504,69
V5	2,00	12,02	0,81	0,24	120,53
V6	7,00	108,07	0,65	0,24	360,63
V7	7,00	165,40	1,19	0,24	360,63
V8	2,00	9,13	1,32	0,24	120,53

Tableau 6.7 : Vérification du cisaillement sismique dans les murs de contreventement.

On constate sur les tableaux ci-dessus que la capacité mobilisable au cisaillement (dernière colonne) est, pour tous les murs, sauf le mur V4 sous plancher du premier étage, supérieure à la charge horizontale appliquée correspondante (troisième colonne).

Pour le mur V4, une solution permettant d'aboutir à sa justification serait de rajouter trois chaînages supplémentaires dans le corps du mur (ce qui conduit à avoir cinq chaînages en tout pour ce mur de 10 m de longueur, avec un espacement de 2,5 m entre deux chaînages successifs). Cette disposition conduit à une valeur Rc de 603 KN, qui est supérieure au cisaillement appliqué de 601 KN. On peut également opter pour une maçonnerie plus résistante.

6.12 Dispositions constructives

S'agissant d'un bâtiment à murs en maçonnerie chaînée, les dispositions constructives à adopter sont celles données au chapitre 5 du présent document. Il est à noter que, dans les tableaux précédents donnant les sections d'acier, les armatures retenues (4HA10) respectent les dispositions d'armatures minimales données dans ce chapitre.

7. RÉFÉRENCES

[①] **NF EN 1998-1** – « Eurocode 8 : Calcul des structures pour leur résistance aux séismes – Partie 1 : règles générales, actions sismiques et règles pour les bâtiments » – P06-030-1 – AFNOR – Septembre 2005.

NF EN 1998-1/NA – « Eurocode 8 - Calcul des structures pour leur résistance aux séismes - Partie 1 : règles générales, actions sismiques et règles pour les bâtiments - Annexe Nationale à la NF EN 1998-1:2005 - Règles générales, actions sismiques et règles pour les bâtiments » – P06-030-1/NA – AFNOR – Décembre 2007.

[②] **NF EN 1991-1-1** – « Eurocode 1 - Actions sur les structures - Partie 1-1 : actions générales - Poids volumiques, poids propres, charges d'exploitation des bâtiments » – P06-111-1 – AFNOR – Mars 2003.

NF EN 1991-1-1/NA – « Eurocode 1 – Actions sur les structures – Partie 1-1 : Actions générales – Poids volumiques, poids propres, charges d'exploitation des bâtiments. Annexe Nationale à la NF EN 1991-1-1. » – P06-111-2 – AFNOR – Juin 2004.

[③] **NF EN 1990** – « Eurocodes structuraux - Bases de calcul des structures » – P06-100-1 – AFNOR – Mars 2003.

NF EN 1990/A1 – « Eurocode - Bases de calcul des structures » – P06-100-1/A1 – AFNOR – Juillet 2006.

NF EN 1990/A1/NA – « Eurocode - Bases de calcul des structures - Annexe Nationale à la NF EN 1990/A1:2006 » – P06-100-1/A1/NA – AFNOR – Décembre 2007.

[④] **NF EN 1996-1-1** – « Eurocode 6 - Calcul des ouvrages en maçonnerie - Partie 1-1 : règles communes pour ouvrages en maçonnerie armée et non armée » – P10-611-1 – AFNOR – Mars 2006.

NF EN 1996-1-1/NA – « Eurocode 6 - Calcul des ouvrages en maçonnerie - Partie 1-1 : règles générales pour ouvrages en maçonnerie armée et non armée - Annexe Nationale à la NF EN 1996-1-1:2006 - Règles générales pour ouvrages en maçonnerie armée et non armée » – P10-611-1/NA – AFNOR – Décembre 2009.

PR NF EN 1996-1-1/A1 – « Eurocode 6 - Calcul des ouvrages en maçonnerie - Partie 1-1 : Règles générales pour ouvrages en maçonnerie armée et non armée - Partie 1-1 : règles générales pour ouvrages en maçonnerie armée et non armée » – P10-611-1/A1PR – AFNOR – Janvier 2011.

[5] **NF DTU 20.1** – « Travaux de bâtiment - Ouvrages en maçonnerie de petits éléments - Parois et murs - Partie 1-1 : cahier des clauses techniques types - Partie 1-2 : critères généraux de choix des matériaux - Partie 2 : cahier des clauses administratives spéciales types - Partie 3 : guide pour le choix des types de murs de façades en fonction du site - Partie 4 : règles de calcul et dispositions constructives minimales - Référence commerciale des parties P1-1, P1-2, P2, P3 et P4 du NF DTU 20.1 d'octobre 2008 » – P10-202 – AFNOR – Octobre 2008.

[6] **NF EN 845-2** – « Spécifications pour composants accessoires de maçonnerie - Partie 2 : linteaux » – P12-522 – AFNOR – Décembre 2003.

PR NF EN 845-2 – « Spécifications pour composants accessoires de maçonnerie - Partie 2 : linteaux » – P12-521-2PR – AFNOR – Avril 2010.

[7] **NF EN 1052-1** – « Méthodes d'essai de la maçonnerie - Partie 1 : détermination de la résistance à la compression » – P12-701 – AFNOR – Octobre 1999.

[8] **NF EN 1992-1-1** – « Eurocode 2 - Calcul des structures en béton - Partie 1-1 : règles générales et règles pour les bâtiments » – P18-711-1 – AFNOR – Octobre 2005.

NF EN 1992-1-1/NA – « Eurocode 2 : calcul des structures en béton - Partie 1-1 : règles générales et règles pour les bâtiments - Annexe Nationale à la NF EN 1992-1-1:2005 - Règles générales et règles pour les bâtiments » – P18-711-1/NA – AFNOR – Mars 2007.

ANNEXE 1 MÉTHODE DE CALCUL PERMETTANT DE PRENDRE EN COMPTE LES DÉFORMATIONS D'EFFORT TRANCHANT DANS UN MUR SOLLICITÉ LATÉRALEMENT DANS SON PLAN

Un voile peut être assimilé à une poutre console et sa raideur déduite des seules flèches de flexion sous les deux conditions suivantes :

- les charges qui lui sont appliquées sont situées à une hauteur de plus de cinq fois sa longueur, hauteur comptée par rapport au niveau de fondation du voile ;
- le rapport *H/L* (hauteur/longueur) est suffisamment élevé pour que les flèches d'effort tranchant puissent être considérées comme négligeables devant les flèches de flexion.

En pratique, ces hypothèses ne sont pratiquement jamais vérifiées, sauf dans le cas de certains IGH. Cette erreur d'appréciation de la raideur est généralement sans grande conséquence sur les sollicitations finales après répartition car la même erreur est commise sur tous les voiles d'un même ouvrage, et il est rare que l'erreur soit importante. En effet, la répartition se fait par distribution au ratio, et on commet alors, cela a été constaté, deux erreurs qui se compensent à peu près.

Cependant, si l'on souhaite approcher convenablement le problème, il est relativement simple de retenir un modèle de répartition permettant de tenir compte des déformations d'effort tranchant. La démarche d'analyse proposée est décrite dans ce qui suit :

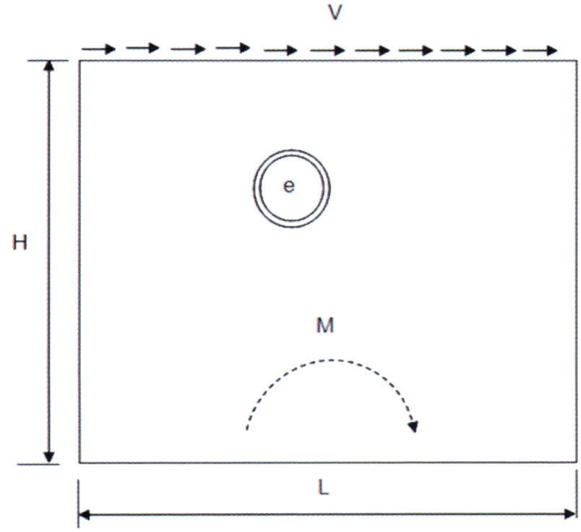

Figure A1.1 : Mur soumis à une charge latérale dans son plan.

Flèche en tête due à la flexion :

$$f_{\text{flex}} = \frac{V \cdot H^3}{3EI} \quad \textit{(Éq. A1.1).}$$

Flèche en tête due au tranchant :

$$f_{\text{tranch}} = \frac{6VH}{5GL_e} = \frac{12(1+\nu)VH}{5EL_e} \quad \textit{(Éq. A1.2).}$$

Flèche totale :

$$f_{\text{totale}} = f_{\text{flex}} + f_{\text{tranch}} = \frac{VH}{E}\left[\frac{H^2}{3I} + \frac{12(1+\nu)}{5L_e}\right] \quad \textit{(Éq. A1.3).}$$

Si on appelle I_v l'inertie corrigée permettant, par une répartition en flexion, de tenir compte des déformations d'effort tranchant, on a :

$$\frac{V \cdot H^3}{3EI_v} = \frac{VH}{E}\left[\frac{H^2}{3I} + \frac{12(1+\nu)}{5L_e}\right] \quad \textit{(Éq. A1.4).}$$

Ce qui donne :

$$I_v = \frac{I}{1 + \frac{36I(1+\nu)}{5L_e H^2}} \quad \textit{(Éq. A1.5).}$$

Dans le cas où le voile comporte des ouvertures, on doit prendre I_e (inertie équivalente) à la place de I et L_e (longueur équivalente) à la place de L.

Application numérique

Prenons $L = H$ et $\nu = 0$.

On a :

$$I_v = \frac{I}{1 + \frac{36}{5 \times 12}} = 0{,}625 \cdot I.$$

Si on prend $L = 3H$ (voile long sur un étage), on obtient :

$$I_v = 0{,}156 \cdot I.$$

On peut, à titre d'illustration de ce qui précède, rechercher le rapport qui existe entre la flèche d'effort tranchant et la flèche de flexion, en fonction de la géométrie des voiles (H/L).

En partant des expressions (A1.1) et (A1.2) ci-dessus, on a :

$$\frac{f_{\text{tranch}}}{f_{\text{flex}}} = \frac{12(1+\nu)VH}{5EL_e} \cdot \frac{3EI}{VH^3}.$$

Ce qui donne, en remplaçant l'inertie I par $\frac{e \cdot L^3}{12}$:

$$\frac{f_{\text{tranch}}}{f_{\text{flex}}} = \frac{3L^2}{5H^2}(1+v).$$

Le tableau suivant donne le rapport en question, pour différentes valeurs de H et de L, choisies parmi les valeurs pouvant être rencontrées en pratique, et en prenant $v = 0$:

H (m)	3	6	9	12	15	18	21	24	27	30	33	36
L (m)	$\frac{f_{\text{tranch}}}{f_{\text{flex}}} = \frac{3L^2}{5H^2}$											
1	0,07	0,02	0,01	0,00	0,00	0,00	0,00	0,00	0,00	0,00	0,00	0,00
2	0,27	0,07	0,03	0,02	0,01	0,01	0,01	0,00	0,00	0,00	0,00	0,00
3	0,60	0,15	0,07	0,04	0,02	0,02	0,01	0,01	0,01	0,01	0,00	0,00
4	1,07	0,27	0,12	0,07	0,04	0,03	0,02	0,02	0,01	0,01	0,01	0,01
5	1,67	0,42	0,19	0,10	0,07	0,05	0,03	0,03	0,02	0,02	0,01	0,01
6	2,40	0,60	0,27	0,15	0,10	0,07	0,05	0,04	0,03	0,02	0,02	0,02
7	3,27	0,82	0,36	0,20	0,13	0,09	0,07	0,05	0,04	0,03	0,03	0,02
8	4,27	1,07	0,47	0,27	0,17	0,12	0,09	0,07	0,05	0,04	0,04	0,03
9	5,40	1,35	0,60	0,34	0,22	0,15	0,11	0,08	0,07	0,05	0,04	0,04
10	6,67	1,67	0,74	0,42	0,27	0,19	0,14	0,10	0,08	0,07	0,06	0,05

Tableau A1.1 : rapport de la flèche de cisaillement et de la flèche de flexion dans un mur, en fonction de la hauteur du bâtiment et de la longueur du mur.

Les cases grisées correspondent aux cas pour lesquels le rapport des deux flèches n'excède pas 10 %, donc pour lesquels il est possible de négliger les déformations d'effort tranchant.

ANNEXE 2 CAS PARTICULIER DE MURS NON SUPERPOSÉS

La méthode des forces latérales décrite au chapitre 2 du présent rapport n'est utilisable que si le bâtiment est régulier en élévation. L'une de ces conditions est que les pans de contreventement soient continus jusqu'aux fondations.

Pour des bâtiments constitués par de nombreux pans de maçonnerie, il est possible de déroger à cette condition ponctuellement. C'est le cas d'ouvrages munis d'une ouverture au rez-de-chaussée de grande dimension pour permettre le stationnement de véhicules.

L'exemple ci-après illustre la répartition des efforts d'un étage au niveau inférieur :

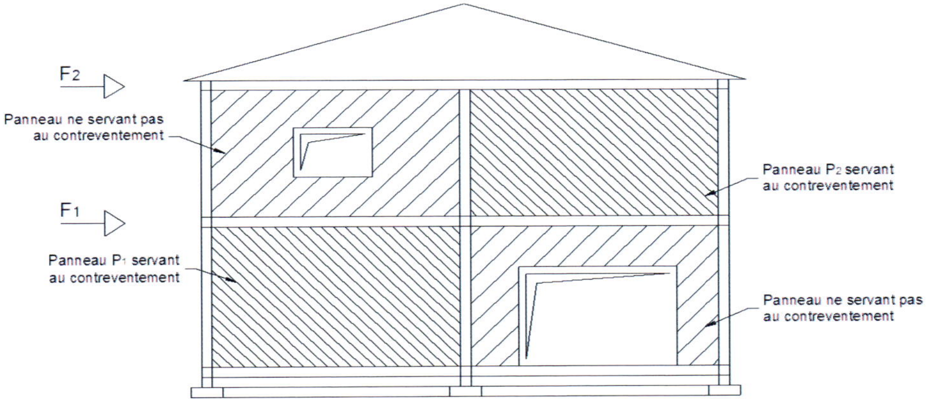

Figure A2.1 : Murs non superposés.

F_1 et F_2 sont respectivement les efforts sismiques provenant du premier et deuxième niveau.

Remarque

Les murs de contreventement des deux niveaux ne sont pas situés dans le même plan. Il faut donc obligatoirement calculer pour chaque niveau la position de leurs centres de torsion et la répartition des efforts horizontaux qui en découle.

L'étude de cette façade se déroule en deux étapes :

- **Étude de P_2**

Le panneau P_2 est dimensionné conformément à la méthode du chapitre 2, sous charge horizontale F_2.
Cette charge F_2 engendre un moment équilibré à l'étage inférieur par les jambages de part et d'autre de l'ouverture du rez-de-chaussée, tel que :

$$R_1 = R_2 = \frac{F_2 \cdot h_2}{L_2} \quad ;$$

où :

R_1 est une traction et R_2 une compression.

Dans le cas général, il faut s'assurer que les fondations sont suffisamment lestées pour équilibrer les efforts de traction, si ceux-ci ne sont pas compensés par les efforts de compression de la descente de charge.

L'effort F_2 est descendu jusqu'aux fondations via panneau P_1, et non pas via les trumeaux de l'ouverture du rez-de-chaussée du panneau P_2.

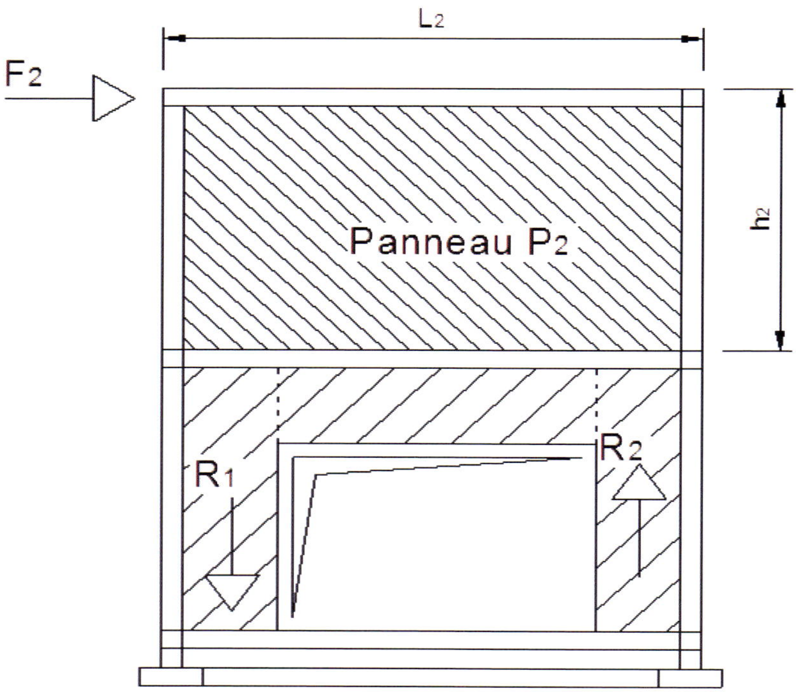

Figure A2.2 : Cheminement des efforts de traction et de compression, dans le cas de murs non superposés.

Étude de P_1

Le panneau P_1 est dimensionné conformément à la méthode du chapitre 2, sous charge horizontale $F_1 + F_2$.

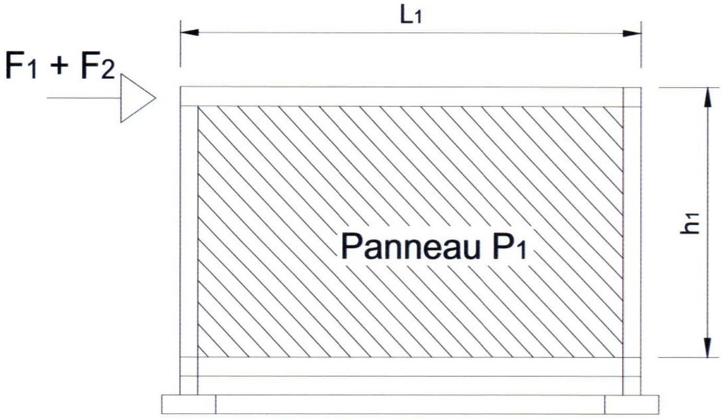

Figure A2.3 : Reprise des charges latérales, après décalage.

Ce guide est imprimé sur du papier 100 % PEFC (issu de forêts gérées durablement), avec des encres à base d'huile végétale et au mouillage sans alcool.
Réalisé par BIALEC, à Nancy (France)
Achevé d'imprimer en Septembre 2011 - Dépôt légal : 76702 - 3e trimestre